DISSERTATION SUR LA CAUSE DE LA FERTILITÉ DES TERRES.

QUI A REMPORTE' LE PRIX, au Jugement de l'Academie Royale des Belles Lettres, Sciences & Arts.

Par Monsieur KULBEL, *Medecin du Roy de Pologne, à la Forteresse de Konigstein.*

A BORDEAUX,
Chez PIERRE BRUN, Imprimeur-Aggregé de l'Academie Royale, ruë Saint Jâmes.

M. DCC. XLI.

AVEC PRIVILEGE DU ROY.

DISSERTATION
SUR LA CAUSE
DE LA FERTILITÉ
DES TERRES.

UM illuſtribus Academiæ Burdigalenſis celeberrimæ Proceribus, ac ſuper problematum propoſitorum reſolutiones conſtitutis Arbitris placuerit, deciſionem Diſſertationum, quæ problema de Fertilitatis terrarum cauſa anno 1738. *ſol-*

UISQU'IL a plû à Meſſieurs de l'Academie des Sciences de la ville de Bordeaux, à qui il apartient de juger des Ouvrages qui ont été faits pour la réſolution du problême de la cauſe de la Fertilité des Terres, qu'ils avoient propoſez aux Sçavans pour l'année 1738. d'en ſuſpendre le prix, & de proposer encore une autre fois aux Sçavans cet interessant problême, afin d'en avoir une discussion plus détaillée: J'entreprend donc de travailler aussi une seconde fois sur ce même sujet; & je soûmets encore à leur Jugement les Theses suivantes, par lesquelles j'ai tâché de donner de ce problême, l'explication la plus claire, & en même-tems la plus courte qu'il m'a été possible. Mais afin de ne point fatiguer ces Messieurs, par l'examen d'un trop long ouvrage, & afin de faire apercevoir d'un coup d'œil la liaison de ces Theses l'une avec l'autre, & leur accord avec les pratiques & les experiences connuës, je les ai réduites à un très-petit nombre, & je les ai tellement liées les unes avec les autres, que, sans interruption, elles se prouvent aussi les unes par les autres, & que celle qui suit, n'est jamais qu'une consequence de celle qui la precede. Comme la Nature, dans ses opérations,

vere contenderunt, suspendere, ac palæstram denuò aperiendo, præsentem annum ejusdem thematis ventilationi præfigere, hinc in eandem arenam vice secundâ descendere ausus, sequentes Theses eorum dijudicationi offero, quibus propositi problematis explanationem claram ac succinctam dare allaboravi. Quò illustrium Judicum patientiæ parcam, & quò tota Thesium harum cohærentia unà cum documentorum & experimentorum syndrome, eò faciliùs ob oculos sisti ac comprehendi queat, numero paucas esse eas volui; ac ne scopæ videantur dissolutæ, easdem ita colligavi, ut aut altera alteram probet, aut posterior ex antecedenti seu conclusio fluat: Cùmque natura unica sit ac simplex, simplici etiam naturæque analogo modo ac methodo problematis solutionem explanare studui. Hinc æquum atque à προσωποληψία alienum exoterico mihi judicium ab illustribus Dominis Arbitris quos omni quâ decet veneratione prosequor, expecto.

agit toûjours de la façon la plus simple, j'ai tâché de l'imiter dans l'explication de ce problême, en choisissant la methode la moins compliquée que j'ai pû imaginer. C'est pourquoi, j'espere que rien n'empêchera M[rs]. les Academiciens de rendre à mon Ouvrage la justice qui lui sera dûë.

THESIS I.

Fertilitas comparativa, quâ terra terræ alteri præstat, ex eo cognoscitur, quòd ejusdem fruges ac segetes lætiùs & uberiùs crescant, ita ut alterius terræ fruges & segetes, tum quantitate, tum qualitate radicum, caulium, foliorum, florum, fructuum, seminumque superent.

On connoit qu'une Terre est plus ou moins fertile qu'une autre, en comparant les herbes & les fruits qu'elles produisent, parce que la plus fertile les produit toûjours plus vigoureux & plus abondans; qu'ils surpassent toûjours par leur quantité & la qualité de leurs racines, de leurs tiges, feuilles, fruits & de leur semence même, ceux d'une terre moins fertile.

THESIS II.

Quantitas illa tam molis quàm numeri frugum ac segetum major, non nisi à copiosiore succi nutritii accessû & receptione; qualitas verò

Cette terre plus fertile ne produit des fruits plus gros & une plus grande quantité de plantes & de graines, que parce qu'elle contient une plus grande quantité de sucs nourriciers qu'elle leur fournit : & s'ils sont meilleurs, c'est que ce suc est mieux conditionné. Ainsi les animaux qui sont nourris dans de meilleurs paturages, sont toûjours plus grands & plus gras.

melior ab ejusdem succi habitu meliore oriri potest, eodem planè modo, quo animalia uberiore & pinguiore nutrimento pasta, & grandiora & obesiora fieri solent.

THESIS III.

Une experience continuelle nous aprend que, quoique le retour successif de la pluye & de la chaleur hâtent beaucoup l'accroissement des plantes, il ne fait pas un effet égal dans toutes sortes de terres, puisque malgré son secours, les fruits & les bleds croissent plus abondament dans l'une que dans l'autre, quoique sous le même climat, dans la même temperature, & cultivée avec le même soin.

Per experientiam quotidianam notum est, quòd, licet pluviæ cum tempestate calida alternantes, incrementum vegetabilium magnoperè promoveant, nihilominùs tamen terra una præ altera fruges & segetes copiosiores & pulchriores ferat, tametsi utraque eodem climate, eâdem tempestate gaudeat, ac eadem utrisque adhibita fuerit cultura.

THESIS IV.

Par une experience contraire, nous remarquons que les pluyes ni la chaleur du Soleil ne fertilisent jamais une terre qui est naturellement sterile.

Notum vice versâ est, quòd terra naturâ suâ sterilis planè, nec pluviis nec calore solari fertilis fiat, quamdiù etiam iisdem exposita extiterit.

THESIS V.

Ex his duabus Thesibus sequitur, quòd, licet sol, aër, ac pluviæ tam formaliter quàm materialiter, multùm ad fertilitatis augmentum conferant, nihilominùs tamen primariò certa telluris dispositio requiratur, sine qua media jam dicta parùm proficiunt.

Je conclus de ces deux observations, que quoique le Soleil, l'air & la pluye concourent materiellement & formellement à l'augmentation de la fertilité des champs, il faut encore une certaine qualité à la terre, sans laquelle leurs influences seroient inutiles.

THESIS VI.

Notum quoque cuilibet est, quòd ager naturâ suâ fertilis, pluviis tamen reiteratis destitutus, nullam fertilitatis peculiaris notam exhibeat, imò quòd pluviis planè per tempus longum cessantibus, fruges ac segetes agri fertilissimi pereant.

Tout le monde sçait qu'une terre naturellement fertile, ne produit rien, si elle n'est de tems en tems arrosée par la pluye; & que les fruits & les bleds des champs les plus fertiles perissent par une trop longue sécheresse.

THESIS VII.

Ex hac Thesi sequitur, quòd aqua telluri pluviis communicata, maximam succi vegetabilium nutritii partem constituat. Id quod

Il faut donc conclure que la pluye qui arrose la terre, fait la plus grande partie du suc nourricier des plantes. L'experience suivante le prouve encore plus évidemment. Ayant coupé & pesé une certaine quantité d'herbe fraîche ; si on la fait ensuite sécher au Soleil, on trouvera, en la repesant, qu'il ne restera que la huitiéme, ou même la douziéme de son premier poids. Ce qui s'en est évaporé, n'est, sans doute, que la partie aqueuse.

insimul evidentiùs ex eo demonstrari potest, si herbæ recentes decerptæ certa quantitas ponderatur, calori solari per aliquot dies exponitur, tandemque ejusdem benè exiccatæ pondus bilance denuò exploratur ; tunc enim idem ad octo, decem, usque ad duodecim partes imminutum invenietur. Quod autem exhalavit, non nisi pars aquosa esse potuit.

THESIS VIII.

Puisque la substance des vegetaux est un composé des parties fluides dont on vient de parler, & de parties solides, il suit nécessairement que le suc nourricier contient aussi des parties terrestres que la terre lui fournit. Sous ce nom de parties terrestres, il faut comprendre les parties salines & onctueuses, parce que les unes & les autres sont intimement mêlées avec les parties terrestres, comme il sera prouvé plus bas, & parce qu'elles sont toutes des parties

Cùm verò vegetabilium substantia non solùm partibus modò dictis fluidis, sed etiam solidis seu terreis constet, sequitur exindè, quòd etiam succus eorum nutritius è partibus terreis compositus esse debeat, quas ipsi tellus è sinu suo suppeditat. Sub partibus terreis autem simul intelligo salinas & pingues, quia utræque cum terreis strictè sic dictis, non solùm intimè sunt mixtæ, uti inferiùs demonstrabitur, sed etiam è terra elementari primariò oriuntur.

de terre élementaire.

THESIS IX.

Pars hæc ſucci nutritii terrea, anguſtiſſimos & viſu vix perceptibiles radicum poros ac tubulos ſubintrare nullatenùs poſſet, niſi multa aquâ partim diluta, partim diſſoluta fuerit: ſi enim ſuperficialiter ſaltim aquæ poris interſperſa inhæreret, aqua relictis partibus terreis, radices ingrederetur ſola. Peculiaris igitur, & in ſpecie admodùm ſubtilis requiritur terra, quæ aquâ penitùs diſſolvi queat, quæque cum hac non per aggregationis ſed intimæ miſtionis modum combinetur, quò conjunctim intrà radicum recipiantur poros.

Les pores des racines, & les vaiſſeaux des tiges des plantes ſont ſi étroits & ſi imperceptibles, que la partie terreuſe du ſuc nourricier ne les pourroit point pénetrer, ſi elle n'étoit délayée & diſſoute dans une ſuffiſante quantité d'eau : car ſi elle n'étoit que délayée, l'eau ſe dégageroit des parties terreſtres, & pénetreroit ſeule dans les racines des plantes. Il faut donc, pour la compoſition du ſuc nourricier, une certaine eſpece de terre ſubtile, que l'eau puiſſe entierement diſſoudre, & avec laquelle elle puiſſe ſe mêler parfaitement, afin qu'elles puiſſent ainſi pénetrer enſemble les racines des plantes.

THESIS X.

Cùm itaque hæc terrea ſucci nutritii portio, admodùm ſubtilis, ac imprimis aquâ ſolubilis eſſe debeat, eamque

Puiſque la partie terreuſe du ſuc nourricier doit être très-ſubtile & très-facile à diſſoudre dans l'eau ; & que j'ai prouvé

(Th. 8.) que la masse de la terre la fournit, il s'ensuit que cette qualité particuliere dont il est parlé dans la Th. 5. qui rend un champ plus fertile qu'un autre, n'est autre chose qu'une plus grande quantité de cette terre subtile & dissoluble; & par consequent qu'un champ sterile en contient moins, ou point du tout, si l'art & les ameliorations ne lui en donnent pas.

juxtà Thesin 8. tellus è sinu suo suppeditet, sequitur indè peculiarem illam telluris dispositionem, Thesi 5. indigitatam, quâ ager altero fertilior esse solet, in eo consistere, quòd fertilior illius terræ subtilis & aquâ solubilis copiâ majori abundet; sterilior autem ejusdem oppidò parùm aut planè nihil contineat, nisi arte, per stercorationem ipsi concilietur.

THESIS XI.

L'experience que je vai raporter, prouve la verité de la These précedente. J'ai pris une certaine quantité d'une terre très-fertile; & ayant versé dessus de l'eau boüillante, j'ai filtré, par le papier gris, cette lotion qui avoit une couleur brune, & je l'ai réservée. J'ai encore une autre fois versé de l'eau boüillante sur cette même terre; & ayant aussi filtré cette nouvelle lessive, je l'ai mise avec la premiere. Ayant enfin repeté plusieurs fois la mê-

Ad probandam asserti mei veritatem, recepi idcircò terram egregiè & absque fimo fertilem, illiusque portionem aquâ calidâ elixavi; lixivium quod coloris erat dilutè brunei, per chartam bibulam filtravi, & seposui. Terram restantem denuò aquâ calidâ extraxi, extractum filtravi, & priori admiscui. Extractionem ejusdem terræ aliquoties reiteravi, tandemque omnia extracta in patellis vi-

treis leniter evaporando concentravi, ut de eorum mensuris aliquot non nisi libra una restitaret. Extractum concentratum coloris erat obscurè brunei, multùmque terræ subtilis & unguinosæ ad latera fundumque vitrorum sub evaporatione obexhalans menstruum dimiserat, cujus pars superior vasorum parietibus ob subtilitatem suam tenacissimè adhærebat : superficies verò liquoris concentrati cuticulâ quâdam obducta erat, qualem lixivia salina sub sui evaporatione formare solent. Si liquor concentratus ad siccitatem evaporatur, emergit magma unguinoso-salinum, bruneo - rubicundi coloris, quod aquâ denuò solutum, filtratum, leniterque evaporatum, elegantiorem ac pellucidum colorem nanciscitur, nihil terrei ulteriùs deponens, quotiescunque etiam solvatur.

me operation avec la même terre, j'ai mêlé tous ces extraits, & les ayant versez dans des vases de verre, j'ai fait évaporer lentement la partie aqueuse, jusqu'à ce que le résidu concentré ne pesoit qu'une livre. Sa couleur étoit d'un brun obscur, & cette partie du dissolvant qui s'étoit évaporée, avoit laissé une terre subtile & onctueuse qui s'étoit attachée aux parois du vase ; mais celle qui s'étoit attachée aux côtez, étoit plus adhérente que celle qui étoit au fond, & paroissoit aussi plus subtile : il s'étoit aussi formé sur cet extrait une pellicule, comme il s'en forme toûjours sur les lessives concentrées. Si l'on fait évaporer jusqu'à siccité, le reste de la liqueur, il reste un *magma*, une matiere onctueuse & saline, d'un rouge brun. Mais si par une seconde operation, on fait dissoudre encore, on filtre & on évapore, la couleur de cette matiere en devient plus vive & plus transparente, & il ne reste aucun sediment terreux.

THESIS XII.

Autant de fois qu'on réïtere la lotion de la terre avec de l'eau chaude, autant de fois on en retire un extrait de couleur jaune; mais en même tems chaque lotion emportant quelque chose avec elle, la quantité de la terre diminuë; de sorte que si on repete cette lotion jusqu'à ce qu'elle ne soit plus teinte, toute la partie la plus subtile de cette terre étant ainsi ôtée, il n'y reste plus que la partie grossiere & sabloneuse, de laquelle on ne peut plus rien extraire.

Quoties elixata terra denuò affusa, aquâ calidâ extrahitur; toties obtinetur extractum coloratum flavescens, quâvis tamen elixatione quantitas terræ minuitur; ita ut, elixatione eò usque reiteratâ, donec extractum non ampliùs tingitur, subtilis terræ substantia plurimùm absumatur, ac non nisi crassior sabulosa remaneat, ulteriorem elixationem respuens.

THESIS XIII.

Cette experience réüssit également avec toutes sortes de terres, avec cette difference que les terres les plus fertiles donnent une plus grande quantité de cette substance subtile & onctueuse, que celles qui le sont moins. Au contraire, les terres limoneuses, argileuses & sabloneuses n'en donnent presque point, & le

Idem experimentum succedit cum omnibus terris fertilibus; ita ut quantò fertilior existit terra, tantò plus substantiæ subtilis communicet aquæ: haud ita promptè tamen succedit cum purè lutosis, argillaceis, sabulosis, aliisque sterilibus, utpotè quæ valdè parùm aut planè nihil

interdùm, aqueo menstruo reddunt; hinc elixatus ex hisce liquor, primâ extractione parcissimè, alterâ verò planè non tinctus apparet, & quod post evaporationem restitat magma, ponderis saltem est exigui.

dissolvant n'en est, à la premiere lotion, qu'un peu teint d'une couleur jaunâtre, & point du tout à la seconde, & après l'évaporation, il ne reste que très-peu de cette terre subtile & onctueuse.

THESIS XIV.

E tribus hisce Thesibus sequitur, quod differentia specifica terrarum naturâ fertilium & sterilium in eo consistat, quòd illæ multùm contineant substantiæ terreæ subtilis & aquâ solubilis; hæ autem non solùm ejusdem parùm aut nihil possideant, verùm etiam ob substantiæ suæ tenacitatem, in ejusmodi terram unguinosam solubilem, neque pluviis, neque calore solari sufficienter converti queant.

Il suit de ces trois propositions, que la difference des terres fertiles & des steriles, vient de ce que les unes contiennent beaucoup de cette terre subtile onctueuse & soluble; & les autres n'en contiennent que peu, ou point du tout: & qu'outre cela, elles sont d'une nature si aride & si compacte, que les effets du Soleil & de la pluye ne peuvent ni la changer, ni y augmenter la quantité de cette matiere, qui est le principe de la fertilité.

THESIS XV.

Si extractum illud concentratum, de quo in Thesi 12. dictum est, destillationi

Si on distile cet extrait épaissi, dont il est parlé dans la 12. Th. en se servant d'une cornuë de verre, l'operation donne d'abord un flegme qui retient un peu de l'odeur de la terre dont il est tiré. Si on augmente le feu, il sort ensuite une liqueur jaunâtre d'une odeur forte & *empireumatique*. Mais il faut dans l'operation prendre garde de ne pas trop pousser le feu, parce qu'alors la matiere boüillonne, écume & sort de la cucurbite sous la figure d'une matiere gluante & noirâtre ; & lorsqu'elle a fini d'écumer, on peut augmenter le feu jusqu'à rougir la cornuë sans crainte que la matiere se répande. Après l'operation il reste au fond de la cucurbite une terre blanche, legere & spongieuse, dont on tire par lixivation, un sel neutre, qui ne fermente ni avec les acides, ni avec les alkalis.

è cucurbita vitrea subjicitur, transtillat primò phlegma, levem saporem ac odorem terræ undè extractum fuit, referens, successivè verò, cum phelgmatis ablatione extractum spissescit, prodit igne intensiore liquor flavescens, odoris empyreumatici ac graveolentis. Ignis tamen benè moderandus est ; alioquin extractum quod continuò spumescit ac turget, oras cucurbitæ transcendit, & per alembicum sub forma mucoris unguinosi ac fusci egreditur. Ubi verò spumescere desiit, ignisque ad candescentiam usque intenditur, nihil ampliùs prodit ; restat tamen in fundo cucurbitæ terra levis ac spongiosa albescens, quæ, cum aqua elixata ac evaporata, portiunculam salis cujusdam fixi & medii exhibet, quod neque cum acidis, neque cum alcalibus confligtatur.

THESIS XVI.

Il faut remarquer six choses

Circa hoc experimentum

cum destillatione institutum, sequentia attendenda veniunt. 1°. Quòd lixivium terræ memoratum, & juxtà Thes. 11. quoad maximam sui partem evaporatum, cuticulam salinam in superficie sua formet. 2°. Quòd si ad siccitatem usque leniter evaporetur, magma exindè unguinoso-salinum rubicundum exurgat, quod semel aquâ solutum & filtratum, deindè semper aquâ facillimè solvitur, nihilque terrestris substantiæ unquam deponit, nisi ubi igne calcinatur; tunc enim sal à terra, mediante aquâ, separari potest, terra remanente candidâ, nec ulteriùs aquâ solubili. 3°. Quòd magma illud sub destillatione valdè spumescendo intumescat, & igne intenso oras cucurbitæ transcendat, subtilemque mucum terreum in vas recipiens eructet. 4°. Quòd si destillatio fiat igne leniori, ne magma totum

dans cette experience chimique. 1°. Qu'il se forme sur la superficie de l'extrait dont il est parlé dans la 11. Th. une pellicule saline. 2°. Que la lessive étant évaporée jusqu'à siccité de l'extrait, il reste une matiere onctueuse & saline (*magma unguinoso-salinum*) de couleur rouge, qui étant une fois dissout dans de l'eau, & filtré, peut être ensuite aisément dissout tant qu'on voudra, sans qu'il s'en précipite plus rien de terrestre, à moins qu'on ne le calcine; auquel cas on peut, par lixivation, en extraire du sel que l'eau separe d'une terre blanche & parfaitement indissoluble. 3°. Que pendant l'operation, cette matiere écume, se dilate & sort de la cucurbite, si le feu est trop violent, & tombe dans le recipient sous la figure d'une matiere terrestre, gluante & subtile. 4°. Que si en moderant le feu, l'extrait ne se répand pas, il en distille une liqueur transparente & jaunâtre, d'une odeur forte & *empireu-*

matique. 5°. Qu'après la distillation, il reste dans la cornuë une terre très-legere & spongieuse. 6°. Qui contient un cinquiéme, ou une sixiéme partie d'un sel fixe.

transcendat, liquor transtillet clarus, flavescens, odoris empyreumatici graveolentis. 5°. *Quòd destillatione peractâ, restitet in fundo cucurbitæ terra admodùm levis atque spongiosa, Quæ* 6°. *cum aqua elixata ac evaporata salis fixi partem quintam vel sextam exhibet.*

THESIS XVII.

Il faut donc conclure que cet extrait d'une terre fertile, qui est veritablement le suc nourricier des plantes, est un composé d'une partie de sel, & de cinq ou six fois autant d'une terre grasse & subtile, le tout dissout dans les eaux de la pluye ou des neiges : de façon pourtant que la differente quantité des parties du composé, est veritablement la cause de la differente fertilité des terres, & que celle qui en contient le plus, est toûjours plus fertile que celle qui en contient le moins.

Ex hisce sequitur, quòd extractum hujusmodi è terra factum, quodque propriè succum vegetabilium nutritium constituit, sit unguinoso-salinæ indolis, atque præter aquam quam ipsi nives pluviæque suppeditant, ex una parte salis, & quinque vel sex partibus terræ unguinosæ subtilis constet. Adeòque in hac salis & terræ unguinosæ mistura, character terrarum fertilium essentialis consistit, ut quò plus hujus misturæ terra præ altera continet, tantò fertilior alterâ habenda sit.

THESIS. XVIII.

Quòd terram extracti nostri concernit, dixi eam unguinosam, solubilem & subtilissimam. Unguinosam eam esse probat partim extracti memorati & ad siccitatem evaporati facies unguinosa, visu tactuque perceptibilis, juxtà phænomenon 2. Theseos 16. partim ejusdem liquidi intumescentia spumescens sub destillatione, juxtà phænom. 3. Thes. 16. siquidem eodem modo lac, oleum, juscula pinguia, decocta carnium, smegmatis solutio, urina, & alia ejusmodi unguinosa & gelatinosa, coquendo intumescunt, spumescunt, orasque ollarum ac vitrorum transcendunt. Solubilem esse probat ejusdem facillima extractio cum aqua, juxtà Thesin 11. & 12. ut & extracti ad siccitatem juxtà phænom. 2. Thes. 16. evaporati solutio

J'ai dit que la partie terrestre de l'extrait est grasse, soluble & très-subtile. Qu'elle soit grasse, cela se démontre en partie par la nature glissante de l'extrait concentré, sensible à la vûë & au toucher, selon l'experience de la 16. Th. & partie par l'écume, & la dilatation de la matiere dans la cucurbite (Th. 12. remarque 2.) car la même chose arrive toûjours quand on fait boüillir du lait, de l'huile, du boüillon gras, du savon dissout dans de l'eau, de l'urine, & plusieurs autres choses grasses & gluantes qui écument, se dilatent en boüillant, & se répandent hors du vase. On démontre aussi que cette terre est facile à dissoudre par la facilité qu'on a de l'extraire avec de l'eau chaude (Th. 11. & 12.) & par la facilité d'en faire l'entiere évaporation. (Th. 12. remarque 2.) On prouve encore qu'elle est très-ſubtile, par la couleur brune de l'extrait, qui devient rouge quand il eſt épaiſſi par l'évaporation (Th. 12. remarque 2.) parce qu'il paſſe par des filtres très-ſerrez, & qu'il conſerve ſa tranſparence : car la terre groſſiere n'eſt pas ſi facile à diſſoud-e, & elle ne donne point à l'eau une couleur tranſparente ; au contraire, elle la rend d'abord trouble, mais enſuite elle ſe précipite, & laiſſe à l'eau ſa couleur naturelle & ſa tranſparence. Enfin il eſt certain que ce qui donne à cet extrait la couleur & la tranſparence, n'eſt autre choſe qu'une terre ſubtile, puiſque la calcination de l'extrait épaiſſi (Th. 12. remarq. 2.) le ſel en étant ſeparé, il reſte une terre blanche & très-fine ; ce qui eſt une preuve de ſa ſubtilité.

tenuiſſima. Subtiliſſimam verò eſſe demonſtrat extracti liquidi color bruneus, & extracti concentrati rubicundi, juxtà phæn. 2. Th. 16. per denſiſſima filtra tranſiens, ejuſdemque pelluciditas permanens. Terra enim quæ craſſior eſt, nec ita ſolubilis exiſtit, nec aquam colore pellucido tingit, ſed ſi eam tingit, turbidam ſimul efficit, & ſucceſſivè ſeparatur, & ad fundum deturbatur, aquamque claram & abſque colore pellucidam reddit. Terram verò eſſe, quæ extractum tincturâ pellucidâ imbuit, probat calcinatio extracti inſpiſſati, juxtà phænom. 2. Th. 16. ubi terra à ſale ſuo ſocio per aquam ſeparatur, & ſub forma candida tenerrima reſtitat : cujus teneritudo inſuper de ejuſdem ſubtilitate teſtatur.

THESIS XIX.

Il faut faire attention à deux circonſtances, qu'on a dû re-

Nec reticendum eſt, etiam duplex illud ſuprà recenſitum

phænomenon, unguinosam ac subtilissimam terræ nostræ confirmare indolem. 1°. Quod juxta Thesin 11. portio extracti terrei sub evaporatione, vitrorum parietibus tenacissimè adhæreat, quæ nihil aliud est quàm terra subtilissima ab exhalante aquâ residua, & ob unctuositatem suam firmiter adhærescens. 2°. Quod post extracti destillationem, juxta phænom. 5. Thes. 16. in fundo cucurbitæ terra levis ac spongiosa restitet: siquidem notum est, quod omnia oleosa ac gelatinosa extracta post sui deflagrationem, ejusmodi terram levem ac spongiosam relinquant. Et ab hac terræ levitate ac tenuitate dependere videtur, quod pinguia pondere naturali leviora sint corporibus cæteris, & quod ab igne in celerrimum statim agitentur motum ac inflammentur.

marquer dans l'experience raportée dans la 11. Th. qui indiquent parfaitement la qualité de cette terre grasse & subtile. 1°. Que pendant l'évaporation de l'extrait, il s'attache aux parois du verre une matiere très-tenace, qui n'est autre chose qu'une terre subtile, que l'eau abandonne, & qui par sa viscosité, s'attache fortement au vase. 2°. Qu'après la distillation de l'extrait concentré (Th. 16. ph. 5.) il reste dans la cucurbite une terre legere & spongieuse. On sçait aussi par experience, que toutes sortes de matieres grasses & glutineuses étant brûlées, il en reste toûjours une terre semblable, legere & spongieuse; & il est vraisemblable qu'elle est la cause de la legereté specifique des matieres grasses & huileuses, de leur facilité à recevoir l'impression du feu, & à s'enflâmer.

THESIS XX.

Quoique je nomme la matiere de l'extrait une terre onctueuse, je ne veux pas dire qu'elle soit en effet une graisse, ou une huile veritable; mais je l'apelle onctueuse, parce qu'elle est visqueuse, legere & gluante, & que par ces qualitez même elle est la base de la graisse & de l'huile; ce que l'experience rend certain : Toutes les huiles en effet, les graisses & les résines étant brûlées elles laissent une semblable terre onctueuse & legere, je veux dire une suye, qui s'attache à la couverture des vaisseaux qui servent à l'experience : Preuve évidente que les huiles & les graisses sont des composez d'un principe inflâmable & d'une terre subtile. Becher dans sa Physique soûterraine la nomme la seconde terre élementaire. Cette terre reçoit ensuite ce principe inflâmable qui entre dans la composition des huiles, dans les plantes :

Dum terram nostram unguinosam voco, nequaquam actu pinguem seu oleosam illam esse volo, sed eatenùs unguinosam dico, quod lubrica, levis & aliquantum glutinosa sit, atque principium pinguedinis seu olei constituat ; hocque exindè probo, quod quævis olea, pinguedines, resinæ, cùm deflagrantur, ejusmodi terram unguinosam exhibeant, fuliginem puto, quam amisso per deflagrationem principio suo φλογιστῷ suspenso operculo adponunt, indicio manifesto, olea & pinguedines ex ejusmodi terra subtili, quam Becherus in Phys. subterran. terram secundam nominat, & è principio inflammabili consistere. Deest enim terræ nostræ adhuc principium inflammabile, quod deindè partim è fimo, partim ex aëre, seu præcipuo principii hujus domicilio, arripit: quod posteriùs exemplo arborum quas pinus vocamus, probatur, utpotè quæ lubentissimè in locis aridis ac sabulosis crescunt, ac enormem tamen olei & resinæ quantitatem largiuntur, cujus partem inflammabilem non nisi ex aëre captare potuerunt.

elle le reçoit en partie du fumier, & plus encore de l'air qui les environne, parce qu'il en contient une très-grande quantité, comme on le peut prouver par l'experience des pins qui abondent en résine, quoi qu'ils croissent naturellement dans des lieux sabloneux & si arides, que le fond ne peut pas leur en fournir toute leur partie inflâmable : c'est donc de l'air qu'ils la reçoivent.

THESIS XXI.

Deindè etiam liquor ille ab extracto nostro juxta phænom. 4. Thes. 16. destillatus, non obscurè probat, terram quam unguinosam dixi, principium oleositatis constituere. Primò enim color ejus flavescens innuit, quod particularum extracti unguinosarum subtilissimæ sub destillatione unà elevatæ fuerint, quæ in proxima oleositatis sunt potentia, & quibus nil nisi principium in-

La Liqueur distillée de l'extrait (Th. 16. phen. 4.) est une preuve certaine que cette terre onctueuse dont il est question, est la base des huiles & des graisses. Car 1°. La couleur jaune prouve que les parties les plus subtiles & les plus onctueuses de l'extrait se sont sublimées & separées par la distillation, & qu'il ne leur manque que le principe inflâmable pour être une huile veritable. 2°. L'odeur forte *empyreumatique* qu'elle retient, indique le principe physique de la graiſſe, qui étant une ſubſtance naturellement volatile, elle s'unit aux parties ſalines, les enleve avec elle, & forme un ſel volatil urineux, qui répand une forte odeur *empyreumatique*, comme on peut le remarquer dans pluſieurs operations chimiques. J'ai auſſi obſervé qu'en faiſant évaporer lentement la liqueur diſtillée de l'extrait, il reſtoit une liqueur mielleuſe & onctueuſe, qui fermente avec l'huile de vitriol, & perd ſon odeur de brûlé, & l'huile de vitriol prend une couleur brune, comme lorſqu'on le mêle avec des huiles, ou des graiſſes veritables.

ſlammabile deeſt, quocum perfectum conſtituerent oleum Secundò, odor ejus empyreumaticus ac graveolens de præſentia principii pinguedinis teſtatur, quod ſeu naturâ ſuâ volatile, ſi particulas quaſdam ſalinas arripit, eas ſibi intimè jungit, igne agitatum, ſecum evehit, ac ſal volatile urinoſum conſtituit, odoremque empyreumaticum & graveolentem ſpargit, uti hoc è variis notum eſt experimentis chymicis. Hinc obſervavi, quod cum liquorem modò dictum ſtillatitium in patella vitrea leniſſimè evaporaſſem, mellago unguinoſa reſtitaret, quæ cum affuſo oleo vitrioli manifeſtò effervеſcebat, odorem autem graveolentem deponebat, & quod oleum vitrioli colorem fuſcum induebat, uti cum unguinoſis ac verè oleoſis facit.

THESIS XXII.

Il eſt certain que le ſel qui eſt la ſeconde partie eſſentielle de l'extrait, eſt toûjours en

Quod alteram extracti noſtri terrei partem conſtitutivam, nempè ſal, attinet, hujus quidem quantitas in omnibus terræ fertilis speciebus longè minor est quàm terræ unguinosæ; variat tamen ratione proportionis geometricæ pro terrarum diversitate, siquidem in quibusdam salis partem quintam, in aliis sextam, in nonnullis sextam & semissem, raro septimam inveni. Terræ verò macræ ac steriles, non solùm longè minorem salis quantitatem continent, sed etiam sal ipsum alius, & quidem magis acidæ observatur esse naturæ juxta Thesin 25.

moindre quantité que la terre onctueuse dans toutes sortes de terres fertiles; & que cette quantité varie dans certaine proportion geometrique, suivant la difference des terres. Dans quelques-unes j'en ai trouvé un cinquiéme, dans d'autres un sixiéme, dans très-peu un sixiéme & demi, & presque jamais un septiéme. Il est aussi assuré que les terres arides & steriles ne contiennent pas tant de sel; mais encore que celui qu'on y trouve, est acide & d'une autre nature. (Th. 25.)

THESIS XXIII.

Ratione qualitatis, diversam itidem salis hujus pro diversitate terrarum, observavi indolem. In quibusdam enim nitrosæ esse solet prosapiæ; in aliis verò salis medii seu enixi formam sistit, & in nonnullis alcalicum esse reperitur. Nitrosam indolem exindè cognovi,

J'ai aussi remarqué que la qualité de ce sel n'est pas la même dans toutes sortes de terres: car dans quelques-unes il tient de la nature du salpétre, dans d'autres de celle d'un sel alkali; & dans d'autres enfin, il est de la nature des sels neutres. J'ai reconnu sa qualité nitreuse à cette pellicule saline qui se forme, par l'évaporation, ſur la ſuperficie de l'extrait (Th. 16. ph. 1.) parce que miſe dans le feu elle fremit, & détonne en brûlant, comme le ſalpétre enflâmé, quoiqu'avec moins de force. Le même arrive en mettant au feu une partie de l'extrait déſſeché : cependant le ſel qu'on tire des cendres de l'extrait n'eſt point nitreux, mais purement un ſel neutre. J'en ai ainſi jugé, parce que ce ſel, ni celui qu'on tire de certaines terres, ne fermente ni avec les acides, ni avec les alcalis. J'ai pourtant connu par experiences, que quelques eſpeces de terres en contiennent d'une ſorte qui fermente avec les acides. Quoique pluſieurs Chimiſtes croyent que le nitre n'eſt point un ſel naturel, mais un ſel factice, un ouvrage de l'art, on ne doit point douter que je n'aye tiré de la terre un vrai ſel alcali. Et pour refuter leur opinion, & confirmer mon experience, il ſuffit de ſçavoir que de pluſieurs fontaines mi-

quod, ſi cuticula extracti ſalina, in phæn. 1. Th. 16. memorata, ſeu etiam extractum ad ſiccitatem inſpiſſatum, igni admota fuerint, ſtrepitum & detonationem levem, qualis in deflagratione nitri perfecti quamvis in eminentiori gradu, obſervatur, ediderint; ſal tamen è capite mortuo juxta phænom. 6. Theſ. 16. elixatum, nihil nitroſi, ſed ſal enixum exhibuit. Sal enixum verò, quod aliæ exhibuerunt terræ, ex amico ejuſdem cum acidis & alcalibus congreſſu, quemadmodum ſal alcalicum terrarum rursùs aliarum, è conflictu cum acidis judicavi. Nec paradoxon cuiquam videri debet, quod de præſentia ſalis alcalici in terris quibuſdam retuli, licet Chymicorum plurimi ſtatuant, ſal alcalicum non naturæ, ſed artis eſſe productum, ſiquidem aquæ Selteranæ, ut & Billino-Bohemicæ contrarium probant, quæ nudâ exhalatione, ſal perfectè alcalicum relinquunt. Notatu interim dignum eſt, quod, ſeu nitroſum, ſeu enixum, ſeu alcalicum, ſal illud fuerit, quod terræ continent, ſemper eidem partes quaſdam ſalis culinaris admiſtas obſervaverim, quod manifeſtò è cubica cryſtallorum quam formaverant figura, cognovi.

nerales, ſur tout celles de Selze, dans le territoire de Treves, & celle de Billine en Boheme, on tire par la ſimple évaporation, un ſel parfaitement alcali. Il faut remarquer dans ce ſel extrait des terres, quel qu'il ſoit nitreux, acide ou neutre, il y a toûjours un peu de ſel commun; ce que j'ai reconnu par la figure qu'il prend en ſe criſtalliſant.

THESIS XXIV.

Ab hoc ſale terra ſæpiùs dicta unguinoſa ſolubilitatem ſuam nanciſcitur; nam ſi per calcinationem terra à ſale ſuo juxta phænom. 2. Theſ. 16. ſeparatur, tunc reſtitans terra alba, nullâ ampliùs aquâ ſolvitur. Notiſſimum enim eſt, quod ſalia non ſolùm per ſe & naturâ ſuâ ab aqua promptiſſimè ſolvantur, ſed quod etiam alia corpora terreſtria ſolvant, uti hoc variæ me-

C'eſt à cauſe de ces ſels que la terre onctueuſe, dont nous avons ſi ſouvent parlé, eſt ſi facile à diſſoudre. Car ſi on calcine la matiere, & qu'on en ſepare le ſel (Th. 16. phen. 2.) il reſte une terre blanche, & que l'eau ne peut plus diſſoudre, quoique par experience, il ſoit aſſuré que les ſels ſont naturellement ſolubles, & même qu'ils peuvent diſſoudre des metaux. Il eſt encore certain que les huiles ne ſe mêlent point naturellement avec l'eau, & qu'on trouve pourtant le moyen d'en faire le mélange par le moyen des sels; ce qu'on prouve chaque jour par la composition du savon, & la dissolution du soufre dans un alcali, qui se mêlent l'un & l'autre facilement avec l'eau. Il est donc incontestable, qu'à cause de ce sel l'eau dissout facilement cette terre onctueuse, & la rend ainsi capable de couler dans les vaisseaux des plantes, & qu'il lui sert aussi pour dissoudre les parties grasses, que l'air ou le fumier lui fournit, afin de se les incorporer, les entraîner & les distribuer dans les plus petits vaisseaux des plantes. C'est ainsi que la terre onctueuse est la matiere; & le sel qu'elle contient, est le moyen dont la nature se sert pour donner l'acroissement aux vegetaux, & la fertilité aux terres.

tallorum & mineralium solutiones probant, & insuper partes oleosas, quæ naturâ omne cum aquis consortium respuunt, cum hisce combinent intimè, quod saponis ac sulphuris peralcali soluti exemplo evincitur. Exindè igitur plus quàm probabili modo concluditur, terram nostram unguinosam à sale suo socio duplicem hunc habere usum, primò ut ab aqua promptè & tenuiter solvatur, quò arctissimos vegetabilium tubulos subire queat. Secundò, ut sibi tum è fimo, tum ex aëre supervenientes particulas pingues eò faciliùs recipere, ac secum in & per plantarum ac arborum tubulos vehere & distribuere possit. Adeòque terra unguinosa materialiter, sal autem instrumentaliter ad incrementum vegetabile, consequenter ad fertilitatem contribuit.

THESIS XXV.

Cum opposita juxta se posita magis elucescant, demonstrabo jam è contrario, quod terra unguinosa, subtilis & solubilis fertilitatem terræ efficiat. Scilicet eâdem methodo simplici tractavi & examinavi terras quasdam steriles, argillaceas, cespitosas, luteas, arenosas, & alias, & sequentia observavi. 1°. *Extracta ex his cum aqua simplici facta parcissimè, & nequaquam uti extracta terrarum fertilium sunt tincta.* 2°. *Neque sub coctione aut destillatione spumescendo intumescunt sicuti hæc faciunt.* 3°. *Ad siccitatem leniter evaporata suppeditant pauxillùm salis acris, & ab admista paucissima terræ unguinosæ portiuncula fusci, quod* 4°. *cum instillato alcali effervescit; ab affuso acido autem non alteratur. E quibus manifestò pa-*

Les experiences variées & repetées sur des sujets differens, ne manquent jamais de produire plus d'évidence & de certitude : c'est pour cela que j'en vai raporter de contraires, qui acheveront de prouver que la terre onctueuse, &c. est la vraye cause de la fertilité. J'ai operé de la même façon sur des terres stériles, argileuses, limoneuses, sabloneuses ; & j'y ai fait les observations suivantes. 1°. Les extraits que j'en ai fait, étoient beaucoup moins colorez que ceux des terres fertiles. 2°. Ils n'ont point boüillonné dans la cucurbite, au feu de la distillation, comme les premiers. 3°. L'extrait étant desséché, il ne s'y est trouvé qu'un peu d'un sel acre, bruni par quelque peu de la terre onctueuse, & qui fermente avec les alkalis, & point avec les acides ; ce qui prouve que les terres stériles ne contiennent que peu, ou point du tout de cette terre onctueuse, & que leur sel est d'une autre espece que celui des terres fertiles. D'où l'on doit conclurre que cette terre onctueuse, &c. est le veritable principe de la fertilité des terres.

tet, quòd terræ steriles non solùm terræ unguinosæ solubilis parùm vel nihil contineant, sed etiam, quod sal contentum alius planè sit indolis ac illud terrarum fertilium. Ex hac autem terrarum differentia specifica justissimè colligitur, terram unguinosam, subtilem ac solubilem fertilitatis esse causam veram ac proximam.

THESIS XXVI.

Il faut donc, pour donner de la fertilité aux champs stériles, & y remplacer cette terre onctueuse qui leur manque, y mêler des matieres qui en contiennent beaucoup : tels sont le fumier, le limon, le bois pourri, les décombres de vieux bâtimens, les cendres de savoniers, la chaux même, ou quelques autres matieres analogues à celles-là qui les améliorent.

Ob hunc terræ unctuosæ defectum igitur agri steriles adminiculis opus habent, quibus aliqualis iisdem concilietur fœcunditas. Aut enim fimo corrigitur illorum sterilitas, aut limo è stagnis lacubusque extracto, aut segmentis ac scobibus lignorum putrefactis, aut quisquiliis ædium destructarum, aut cineribus à smegmatis confectione residuis, aut calce vivâ, aut aliis rebus analogis.

THESIS XXVII.

Mais pour cet effet, rien n'est

Inter omnia hujus generis

adminicula, fimus quam maximè agrorum sterilitatem corrigit. Cùm enim fimi nihil aliud sint quàm excrementa animalium, seu sola, seu cum stramine, fœno, aut arborum foliis computrefacta, corpora autem per motum huncce putrefactionis tenuissimè colliquentur; apparet exindè, quòd straminis, fœni, ac foliorum partes ita resolutæ, atque cum unguinoso-salinis excrementorum intimè combinatæ, ejusmodi subtilem, unguinosam ac solubilem terram forment, qualis ad nutritionem vegetabilium requiritur. Hinc videmus aquam in sterquiliniis stagnantem, non solùm colorem saturatè bruneum ab imbibitis iisdem particulis dissolutis adipisci, sed etiam cum evaporatione concentratur, ingentem terræ unguinosæ suppeditare copiam.

meilleur que le fumier, qui n'est qu'un mélange d'excremens d'animaux, de paille, de foin, de feüilles d'arbres, broyez ensemble, & mêlez par le mouvement insensible de la putréfaction, avec les parties grasses & salines des excremens; ce qui compose cette terre onctueuse, &c. qui sert à la nourriture des plantes. Il découle en effet du fumier une eau d'une couleur brune & imprégnée de ces parties grasses & salines, qui laisse après l'évaporation, une grande quantité de cette terre onctueuse.

THESIS XXVIII.

Eâdem unguinosâ ac solubili terrâ abundat limus, è lacubus stagnisque extractus; hinc agris sterilibus illatus fœcunditatem mirum in mo-

Le limon des lacs & des étangs en contient aussi beaucoup; & il augmente extraordinairement la fécondité des terres, parce qu'il est en effet un assemblage des atomes de la poussiere que le vent enleve sur les champs & les chemins, & qu'il transporte dans les eaux, ou de celles que la pluye y entraîne, & des feüilles des arbres, des joncs, des roseaux, & des herbes qui y croissent, s'y pourrissent, & s'y précipitent pêle mêle, & composent au fonds cette terre onctueuse & subtile, qu'on reconnoit sans peine à sa qualité glissante & visqueuse. C'est à ce limon, qu'on doit attribuer la veritable cause de cette propriété si fameuse des eaux du Nil qui fertilise la terre de l'Egypte : car les pluyes abondantes & réglées qui tombent tous les ans sur les montagnes de la haute Ethiopie, entraînent une grande quantité de terre avec elles, qui se répand sur toutes celles que le Nil inonde ; & par ce moyen elle les fertilise de la même façon que nos rivieres fertilisent nos champs, quand elles débordent. Il est donc inutile

dum auget : constat enim limus non solùm è viarum, agrorumque pulvere, tum per ventos elevato, ac in stagna projecto, tum cum pluviis eò abrepto, sed etiam ex arborum fructicumque foliis deciduis, necnon arundine, junco, aliisque herbis ibidem nascentibus, quæ dum putrescunt, & cum illapso pulvere combinantur, in fundo terram ejusmodi unctuosam subtilem formant, ut è lubrica illius facie apparet. Et ex eodem fundamento dependet decantata Nili in fœcundandis Ægyptiorum terris potentia ; siquidem pluviæ copiosissimæ certo tempore Abyssiniæ superioris montes irrigantes, ingentem indè terræ copiam secum abripiunt, Niloque reddunt, quam hic deindè cum oras transcendendo suas, agros Ægyptios inundavit, ibidem deponit, agrosque eodem modo fœcundat, quo fluvii nostri post inundationes fa-

ciunt, ut adeò opus haud ſit nitri hìc ſupponere copiam, eique fertilitatis tribuere cauſam, præcipuè cùm verum & perfectum nitrum naturaliter nullibi reperiatur, & ſalia quà talia ad formandam vegetabilium ſubſtantiam ſint inepta.

de ſuppoſer avec pluſieurs Phyſiciens, que les eaux du Nil ſont nitreuſes, pour en expliquer la fécondité, puiſqu'on ne trouve nulle part de veritable nitre naturel, & que les ſels ſeuls ne ſuffiſent pas pour la compoſition des vegetaux.

THESIS XXIX.

Terra à ſcobe & ſegmentis lignorum putrefactis formata, haud paucam quoque terræ unctuoſæ ſolubilis quantitatem continet, quam exindè per elixationem obtinui. Hæc putredine generatur, in quam partes lignoſæ, calore ſolari ac pluviis alternatim penetratæ ſucceſſu temporis rediguntur. Tali inteſtino ac putredinoſo motu tota illarum ſubſtantia colliquatur, uti in rebus putreſcentibus apparet, atque in tenuiſſimas moleculas reſolvitur, quarum plures accedente ſale ſuo natalitio, ſolubiles aquâ fiunt. Terra ta-

Ayant fait une lotion de la terre faite de bois pourri, cette experience m'a appris qu'elle contient beaucoup de notre terre onctueuſe & ſubtile, produite par la putréfaction du bois, parce que le mouvement inteſtin que la chaleur y excite, diſſout toute la ſubſtance du bois, comme il arrive à tout ce qui pourrit, & il la réduit en parties très-menuës, que l'eau peut diſſoudre, à cauſe du ſel qui eſt mêlé avec elles. Les Jardiniers qui en connoiſſent la qualité, la recherchent avec ſoin pour améliorer leurs terres. Les décombres des maiſons ruinées par le tems, ou par le feu, donnent auſſi de la fertilité aux champs, ſur tout ſi elles étoient bâties de bois ou de torchis, parce que les impreſſions alternatives de la pluye & de la chaleur les pourriſſent, & y produiſent ainſi une grande quantité de terre onctueuſe.

liſmodi lignoſa, ob vim fœcundandi egregiam ſtudiosè ab hortulanis conquiritur. Nec minori fœcundandi facultate pollent quiſquiliæ, è ruderibus ædium vel igne vel vetuſtate deſtructarum collectæ, in primis ſi ædificia è limo & ſtramine compacta fuerunt, ſiquidem alternativo & diuturno caloris ſolaris & pluviarum appulſu, terræ unguinoſæ noſtræ portio larga in illis generatur.

THESIS XXX.

Si la chaux vive & les cendres des ſavoniers ſervent à corriger la qualité des terres ſtériles, c'eſt moins par la terre onctueuſe, que par la qualité de leur ſel : C'eſt pourquoi, ils ne ſont pas bons pour toutes ſortes de terres, mais ſeulement pour celles qui ſont marécageuſes & humides, dures, maſſives & argileuſes, parce que le ſel de la chaux & des cendres des ſavoniers attire l'humidité ſuperfluë, deſſéche, briſe les parties compactes, rend la

Cineres elixati atque calx viva, ratione partis ſuæ ſalinæ potiùs agunt, quidquid præſtant in agrorum ſterilitate corrigenda; ſiquidem parùm terræ unctuoſæ continent; hinc neque omnibus, ſed iis tantùm conveniunt agris, qui frigidæ dicuntur eſſe indolis, id eſt, qui paludoſi ſunt, humidi, terrâ tenaci ac compactâ, ſeu lutoſa ea ſit, ſeu argillacea, ſeu ceſpitoſa, conſtant. Ibi enim abſorbendo, exſiccando, & incidendo agunt, quo moleculas ejusdem subtiles ac solubiles, nutritionique aptas faciunt, quanquam quoque tenues quasdam substantiæ suæ particulas simul conferant.

terre friable, & par toutes ces choses ensemble, il subtilise & dissout assez les molécules de la terre, pour les rendre propres à la nourriture des plantes, en leur fournissant aussi quelque peu de sa propre substance.

THESIS XXXI.

Quicquid interim omnia hactenùs recensita agant adminicula, & quantùm in emendanda agrorum sterilitate præstent, nunquam tamen fœcundationem ad eum gradum provehunt, in quo terræ per se & naturâ fertiles eße conspicuuntur, quæ sæpiùs nullam planè stercorationem requirunt, sed nutrimenti tantùm quantùm segetes suæ absumpserunt, è relictis in terra post demessationem stipitibus ac radicibus continuò resarciunt, calore solari & pluviis reliquias illas ad colliquationem putredinosam disponentibus, undè nova terræ subtilis unctuosæ congeries exoritur.

Il ne faut pourtant pas esperer que ces moyens d'améliorer les terres stériles, les rendent aussi fertiles que celles qui le sont naturellement & sans le secours de l'art, & qui n'ont préque jamais besoin de fumier. Ce que celles-ci ont perdu par la production des bleds, leur est suffisamment rendu par les retoubles, les racines & les herbes qui restent dans le champ après la moisson, parce qu'il s'en forme, par leur pourriture, une nouvelle provision de la terre onctueuse & fertile, qui avoit fait leur précedente fertilité.

THESIS XXXII.

Tout ce qu'on vient d'expliquer des differens moyens de rendre les champs fertiles, prouve manifestement que la plûpart leur fournissent une terre onctueuse, subtile & soluble, qui étant chariée dans les plus petits pores des plantes & des vegetaux, sert de matiere à leur accroissement, & l'experience le confirme. Car si on pile des plantes, des feüilles d'arbres ou des fruits, & qu'ensuite on les fasse boüillir dans de l'eau, elles donnent un extrait brun, duquel il se précipite un sel essentiel, si on le met à la cave : mais si on le fait évaporer, il en reste un extrait glissant ou visqueux, que l'eau dissout, & qui donne par la calcination une terre legere & spongieuse ; ce qui prouve évidemment quels sont ses principes, & qu'il est composé d'une terre legere, soluble, spongieuse, & d'un peu de sel fixe.

Ex his itaque quæ de artificiosis terras steriles emendandi modis dicta sunt, luculenter apparet, quòd eorum plurimi terram unguinosam, subtilem ac solubilem suppeditent, quæ angustissimos radicum poros ac tubulos ingreditur, & per sui adpositionem augmentum substantiæ vegetabilium efficit. Hæc substantia plantarum, arborum, graminum, frugum, ad perfectionem producta, si contunditur, & aquâ simplici coquitur, exhibet extractum bruneum, quod in cella sepositum, sal essentiale suum dimittit, ulterius verò evaporatum spissescit, & magma lubricum seu viscosum constituit, aquâ solubile, & calcinatione adhibitâ in terram levem spongiosam fatiscens, atque eo ipso manifestò ostendit, undè ab initio compositum fuerit, nempè è terra quadam levi subtili & aquâ solubili, ac portiunculâ salis fixi.

THESIS XXXIII.

Experientiâ multiplici confirmatus ac certissimè persuasus sum, nullum mihi veræ fertilitatis ostensum iri seu documentum, seu experimentum, in quo non terra sæpiùs dicta unguinosa, solubilis copiosè inexistat, ac apertè demonstrari queat. Allegavi v. g. in priori Dissertatione mea exemplum prodigiosæ illius brassicæ capitatæ, de qua Reverend. P. Chomel in Dictionnario suo meminit, ejus tantam fuisse molem, ut omnes in sui admirationem rapuerit, causâ verò phenomeni hujus penitiùs indagatâ, vetustum & putrefactum calceum circa radices brassicæ fuiße repertum. Quis hìc non statim deprehendit præsentiam terræ unguinosæ solubilis in calceo? Quis nescit corium esse congeriem partium salino-unguinosarum ac pinguium? Cui ignotum est, carnes &

Des experiences souvent répetées, & toûjours avec un semblable succès, m'ont persuadé qu'il n'est aucune méthode pour fertiliser les terres, qui ne suposent cette terre onctueuse & soluble, ni aucune experience qui ne la prouve incontestablement. J'ai parlé dans ma premiere Dissertation, de ce Chou monstrueux, dont Monsieur Chomel fait mention dans son Dictionnaire Œconomique, & dont la prodigieuse grosseur étonna tous ceux qui en eurent connoissance. On rechercha avec soin la cause de ce phénomene, & on trouva à la racine du Chou une vieille savate pourrie, qu'on crut être vraisemblablement la cause de sa grosseur. Qui pourroit douter que ce soulier pourri n'aye contenu abondamment de cette terre onctueuse? Et ne sçait-on pas que le cuir est un composé de sel & de graisse? Perſonne n'ignore auſſi que de la peau & de la chair pourrie des animaux, il s'en forme une matiere muqueuſe, que l'eau diſſout preſque entierement. Les Jardiniers ſçavent par experience combien elle eſt utile, & ils ne manquent point d'enterrer au pied des arbres ſtériles, les corps des animaux, pour leur rendre ou donner la vigueur, & la fertilité qu'ils n'ont pas. Les animaux contiennent en effet beaucoup de cette terre graſſe & onctueuſe, que le mouvement inteſtin de la putréfaction détache de la terre groſſiere, l'unit avec ſon ſel, afin que l'eau en puiſſe diſſoudre le compoſé, & le charier ainſi dans les plantes, pour ſervir à leur nourriture.

coria animalium putredine in mucum, maxima ex parte in aqua ſolubilem abire? Eodem fundamento nititur experimentum hortulanorum, cum ad radices arborum ſterilium animale cadaver ſepeliunt, eoque putrefacto arbores & lætiùs creſcere, & fertiliores fieri obſervant. Totum enim animalium genus terrâ hac pingui ac unctuoſâ abundat, quæ reſolutorio putrefactionis motu à terræ groſſioris compedibus liberatur, & cum ſuo ſale ſub hoc actu fermentativo juncta ita ſubigitur, ut quâvis aquâ ſolubilis fiat, & hinc in nutrimentum vegetabilium abeat.

THESIS XXXVI.

Cette terre onctueuſe & ſubtile eſt du regne vegetal, d'où elle eſt tirée pour entrer dans le regne animal, parce que les vegetaux ſont la nourriture la

Imò terra hæc unguinoſa regno vegetabili natales ſuos debet, è quo in animale tranſſumitur, dum animalia maximè vegetabilibus

nutriuntur, & ex horum excrementis & corporibus putrefactis iterùm in vegetabilia transfertur, iisque in nutrimentum cedit, atque sic perpetuo & indesinenti circulo volvitur. Telluri tamen ab initio creationis eam fuisse ingenitam exindè patet, quòd agri dentur naturâ suâ ita fertiles, ut planè nullis auxiliis stercorariis indigeant.

plus ordinaire des animaux. Elle rentre ensuite dans le regne vegetal, par la putréfaction de leurs excremens, & de leurs corps, qui changez en fumier, deviennent encore la nourriture des plantes; & c'est par cette circulation, qu'elle passe continuellement d'un regne à l'autre. Il est vraisemblable qu'elle fut créée avec la masse entiere de la terre, puisqu'il y a des champs si fertiles, qu'ils n'ont besoin d'aucune amélioration pour leur en redonner.

THESIS XXXV.

Subsidiis verò non solùm externis opus habent terræ naturâ steriles, sed etiam postquàm segetes tulère suas, per unum vel alterum annum quiescant, seu inculta maneant necesse est, quo vires exhaustas recolligant; id est, quoniam exigua terræ unctuosæ solubilis quâ gaudent portio, per segetes absumpta fuit, novam ejus-

Le fumier, & les autres choses dont on se sert pour améliorer les terres stériles, ne leur suffit pas toûjours; mais après qu'elles ont porté une moisson, il faut qu'elles restent en friche une ou plusieurs années, pour recouvrer leurs forces épuisées. Car la moisson ayant emporté le peu de cette matiere onctueuse que la terre contenoit, elle a besoin qu'on lui en rende autant. Les retoubles & les herbes qui y croissent pendant qu'elle est en friche, étant pourries pendant l'hyver, lui en rendent une partie, & le fumier qu'on leur ajoûte, acheve de rendre à la terre ce qu'elle avoit perdu.

dem restitutionem expectant agri, quam radices ac stipites post messem restitantes, ut & herbæ & gramina, tempore ferriationis sponte provenientia, ac hyeme computrescentia suppeditant, quæque dein accedente stercoratione augetur.

THESIS. XXXVI.

Tout ce que j'ai expliqué jusqu'à present, prouve que le suc, que la terre fournit pour la vegetation & l'acroissement des plantes, n'est autre chose qu'une terre subtile, onctueuse, dissoute par l'eau des pluyes, & que les racines absorbent avec elle. Que comme l'eau s'éleve dans l'éponge, le papier & le sucre, de même le suc nourricier monte par la moüelle des plantes; & l'Archée ou le principe actif de leur formation distribuë ensuite, & en compose les differentes parties des vegetaux. La chaleur du Soleil est la principale cause

Ex iis itaque quæ hactenùs dicta sunt, sequitur, quòd succus vegetabilium nutritius indè incrementum suum & augmentum capiunt, quemque ipsis terra seu nutrix suppeditat, nihil aliud sit quàm terra subtilis unctuosa, aquâ dissoluta, quæ à radicibus velut à spongia absorbetur, per illarum substantiam medullarem atque spongiosam sursùm ascendit, sicuti fluida in spongiâ, chartâ bibulâ, aut saccharo solent, ibidemque à principio quodam dirigente ad formandas varias sub-

ſtantiæ vegetabilium partes variè diſponitur. Hunc ſucci nutritii aſcenſum & in partibus illis ulteriùs continuandum motum haud parùm promovet calor ſolaris, dum ſuccum partim fortiùs in poroſam radicum ſubſtantiam impellit, partim in ſuperioribus plantæ partibus jamjam exiſtentem rarefacit; quo fit, quòd dempto æquilibrio, ſuccus inferior niſu majore ſuperiora versùs tendat, quemadmodum aqua in tubulum vitreum, aëre hujus interno per calorem priùs rarefacto, cum impetu irruit, in eoque aſcendit.

du mouvement & de cette diſtribution du ſuc nourricier, parce qu'elle le force d'abord d'entrer dans les pores des racines, & qu'elle le rarefie enſuite, & le rend plus leger quand il eſt parvenu dans les tiges. Ainſi l'équilibre étant rompu, le ſuc qui eſt vers les racines, eſt pouſſé & monte avec plus de force; de la même façon que l'eau monte avec plus de rapidité dans un tuyau de verre échaufé.

THESIS XXXVII.

Porrò in antecedentibus demonſtratum eſt, terram hanc ſubtilem unctuoſam & aquâ ſolubilem copioſiùs longè reperiri in terris illis quæ fertiles vocantur, & parciſſimè in ſterilibus; hiſce verò ſi ipſarum ſterilitas corrigi debet, tales res eſſe admiſcendas, quæ ejuſmodi terrâ ſubtili unctuoſâ ſcatent.

Il eſt enfin démontré par tout ce que j'ai dit, que les terres fertiles contiennent beaucoup plus de cette terre onctueuſe, ſubtile & ſoluble, que celles qui ne le ſont pas; & que ſi on veut améliorer les ſtériles, il faut leur ajoûter quelques matieres qui en contiennent auſſi une grande quantité.

THESIS XXXVIII.

Il est donc encore certain que cette espece de terre grasse, onctueuse & soluble est la vraïe cause de la Fertilité de la terre; & que les terres dans lesquelles elle est plus abondante, produisent aussi plus d'arbres, de plantes, &c. avec le secours du Soleil, des pluyes & de la culture.

Ergò exindè consequentiâ naturali fluit, talismodi terram unguinosam & aquâ solubilem, veram ac genuinam Fertilitatis esse causam, atque uberrimam, si calore solari & pluviis, seu mediis & instrumentis necessariis adjuvetur, segetum, graminum, plantarum, ac arborum præstare proventum.

THESIS XXXIX.

L'eau des pluyes & des neiges dissout d'autant plus de cette terre onctueuse, & se l'incorpore, que le champ en contient une plus grande quantité, & elle la charie dans les racines des plantes, où elle reste après la transpiration & l'évaporation de la partie aqueuse qui l'avoit dissoute, s'unit à la masse de la plante, & l'augmente par consequent: Ce qui s'execute d'autant plus prompte-

Quò majore enim substantiæ hujus unctuosæ ac solubilis copiâ agrum Natura ditavit, tantò plus illius nives & pluviæ continuò solvunt, imbibunt, atque vegetabilium radicibus advehunt, quo ipso incrementum eorum mirum in modum promoveri oportet. Partes enim illæ terreæ unctuosæ quas largiter solverunt ac in se receperunt nives & pluviæ, copiosæ etiam arborum ac plantarum, mediante aquâ, ingeruntur substantiæ, ibidemque humiditatis parte per transpirationem continuam divaporante, sensim sensimque subsident, sibi invicem adhærent, eoque molem substantiæ augent, quod eò citiùs & largiùs procedit, si calor externus Solis accedit: Archæo vegetabili interim molecularum illarum positum & ordinem moderante.

ment, que la chaleur du Soleil fournit plus son secours, pendant que l'Archée travaille à l'arrangement organique des parties de la plante.

THESIS LX.

Contrariari quidem hypothesi meæ videtur Helmontianum illud experimentum, quo salicis rami terræ calcinatæ aridæ inserti, solâ ac crebrâ aquæ simplicis irrigatione, ad incrementum notabile producuntur: seu alterum illud tentamen, quo certi florum bulbi, aut etiam plantæ, cùm aquæ simplici imponuntur, substantiæ suæ augmentum exindè non solùm capiunt, sed etiam flores suos propellunt. Ast qui utrumque experimentum instituet, observabit primo, Quòd illud cum paucissimis vegeta-

Quelques experiences semblent contraires à mon sistême. Celle, par exemple, de Van-Helmont, par laquelle il est prouvé que des boutures de saule, plantées dans une terre bien calcinée, & souvent arrosées, ne laissent pas de croître & de grandir considerablement; ou cette autre qui est plus familiere : Quand on fait tremper des oignons de fleurs ou autres dans de l'eau, nonseulement elles poussent, mais encore elles fleurissent. Mais si on réflechit sur la nature de ces experiences, on y remarquera 1°. Que l'experience ne réüsſit pas avec toutes ſortes d'arbres & de plantes; mais ſeulement avec ceux & celles dont le tiſſu ſpongieux attire plus de ſéve, & en garde beaucoup. 2°. Qu'elles croiſſent lentement. 3°. Que les oignons avec leſquels on fait l'experience, contiennent beaucoup de ſéve & de cette terre onctueuſe qui ſert alors à la nourriture de leur germe. 4°. Que les plantes qui vegetent de cette façon, ne parviennent jamais au même degré de perfection & de durée, que celles qui ſont plantées en terre. Tout cela fait voir clairement, quelle grande difference il y a entre les plantes nourries dans la terre, & celles qui ne le ſont qu'avec l'eau pure. Mais ſi l'on examine tout cela avec plus d'attention, l'on comprendra que l'eau elle-même, contient & fournit cette petite quantité de parties ſolides, qui ſervent, dans l'experience, à la nourriture de ces plantes.

bilium ſpeciebus ſuccedat, ſed cum iis tantùm, quibus ſubſtantia eſt ſpongioſa, humiditatis valdè appetens & ſucculenta. 2°. Quòd incrementum eorum parciſſimè procedat. 3°. Quòd bulbi quibuſcum ſuccedit tentamen, multùm medullæ, conſequenter multùm ſubſtantiæ illius unctuoſæ, unde fœtum ſuum nutriunt, contineant. 4°. Quòd talia purâ aquâ nutrita, neque ad gradum perfectionis uti in terra, perveniant, neque durationis longè exiſtant. E quibus videbit quantùm differentiæ non ſolùm intercedat inter plantam aquâ ſimplici, & inter plantam in terra productam & elevatam, ſed etiam rem penitiùs penſitando inveniet, aquam omninò particulas ſolidas ad augendam vegetabilium ſubſtantiam neceſſarias è ſinu ſuppeditare ſuo, idque experientiâ ipſâ confirmari obſervabit, ſi aquæ ſimpli-

cis claræ quantitatem leniter in patellis vitreis evaporaverit; exhalatione enim ad siccitatem perductâ, subtilem ac levem relictam inveniet terram, quæ terræ nostræ unctuosæ vices in nutriendo gerit : quod phænomenon non attendisse videtur Helmontius; alioquin aquam non pro vegetabilium principio universali posuisset. Et quamvis perexiguum terræ sit, quod aqua continet, qui tamen hujus totam quæ impenditur quantitatem perpendit, videbit etiam terræ quantitatem, hoc modo augeri debere.

Car il est certain que si on fait évaporer lentement de l'eau dans des vases de verre, il y reste une terre subtile & legere, qui remplace un peu la terre onctueuse que la terre fournit; & si Van-Helmont avoit fait cette experience, il n'auroit pas soûtenu que l'eau fût le principe universel des vegetaux. Quoiqu'en effet l'eau contienne très-peu de cette terre subtile & legere, cette disette est remplacée par la grande quantité d'eau qu'il faut pour l'entretien de ces plantes.

THESIS LXI.

Nec quicquam derogat sententiæ meæ dicterium illud vulgare, quòd non omnis ferat omnia tellus. Licèt enim verum sit, quasdam vegetabilium species, v. g. fegopyrum, ericam lycepodium, serpillum, pinum, abietem, juniperum, &c. lætiùs crescere in solo arido

Ce proverbe si connu, qui dit que toute sorte de terre ne produit pas toutes sortes de fruits, ne contredit point à mon sistême. Car quoique certaines especes d'arbres & de plantes, le bled sarrazin, par exemple, la bruyere, la polipode, le serpolet, les sapins, les genevriers, &c. croissent

F

mieux dans des terres arides & ſabloneuſes, que dans des champs gras & fertiles, il ne faut pas conclure que cette terre onctueuſe n'eſt pas la nourriture univerſelle de toutes les plantes. Ce qu'il y a de particulier dans l'accroiſſement de quelques-unes, vient de leur tiſſu, & de la forme de leurs vaiſſeaux, qui ne peut recevoir qu'une petite quantité de cette ſubſtance onctueuſe, & dans leſquels il ſe forme des embarras, lorſqu'elle y entre en trop grande abondance; ou peut-être, parce que ces plantes étant d'un naturel ſec, le trop d'humidité des terres fertiles leur eſt contraire, & empêche leur accroiſſement: Elles ont pourtant plus ou moins beſoin de cette terre onctueuſe; & quoiqu'on voye ſouvent des plantes, même des arbres, naître & grandir ſur des pierres, on peut cependant remarquer, qu'il y a toûjours dans les fentes des rochers, où les uns in-

ac ſabuloſo, quàm fertili ac pingui, non exindè tamen colligi poteſt, ergò terram illam quam dixi unguinoſam, haud genuinum ac univerſale vegetabilium conſtituere nutrimentum. Differentia verò hæc peculiaris planè plantarum ſeu arborum quarumdam texturæ ſeu ſtructuræ potiùs tribuenda venit, quæ nonniſi pauciſſimum ſubſtantiæ illius unctuoſæ pro nutrimento requirit; adeò ut, aut à copioſiori ejuſdem appulſu tubuli vegetabiles nimis repleti obſtruantur, aut ab admiſto humido largiore, ſicca plantarum ac arborum, quam naturâ habent, indoles ſpecifica lædatur, & utroque modo incrementum impediatur. Interim tamen terrâ illâ unctuoſâ opus abſolutè habent, ita ut, licèt ſæpiùs plantarum ac arborum quædam puris adnatæ ſaxis videantur, nihilo ſecius radicibus illarum accu-

ratè investigatis, reperiatur, easdem, seu saxorum rimis sint infixæ, seu lapidum superficiei adhæreant, semper portiunculam terræ, tum ventis, tum pluviis eò delatæ ac musco firmatæ, substractam habere, undè nutrimentum suum hauriunt.

sinuent leurs racines; ou sur leur surface, où les autres les attachent, un peu de terre que les vents & la pluye y aportent, & que la mousse y retient, d'ou les uns & les autres tirent leur nourriture & leur entretien.

Opinionum commenta delet dies : naturæ judicia confirmat. Cicer.

FINIS.

www.ingramcontent.com/pod-product-compliance
Ingram Content Group UK Ltd.
Pitfield, Milton Keynes, MK11 3LW, UK
UKHW021521260726
13993UKWH00004B/1811